CREATION JOURNALS OF PRIVATE GARDENS

私家花园打造记

哓气婆　编著

江苏凤凰美术出版社

目录

第 4 章

花园绿植

第 5 章

花园案例分享

第1章
花园布局与风格

花园布局

花园的形状一般分为长方形、三角形、L 形、环绕住宅形等。从功能上来看，花园一般可以分为前庭、主庭及通道三个区域。前庭指的是从大门到房门之间的区域，是花园景观给外来访客带来第一印象的区域，是整个花园的“门面”，也是花园主人每天回家的第一体验场所；主庭是指紧挨起居室、会客厅、书房或者餐厅等室内空间的花园区域，是一般住宅花园的主体，也是人们进行户外活动的主要空间，休闲、游乐、聚会等各项活动都在这里进行；而通道则是花园中连接各部分功能区域的廊道、园路或者线形的区域，既作为道路串联起花园的各个空间，同时也具有一定的观赏价值。这三部分区域对于一个花园的整体景观都非常重要。

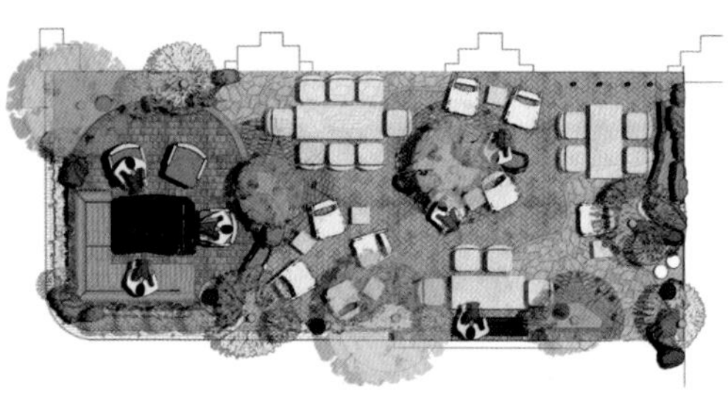

长方形花园布局

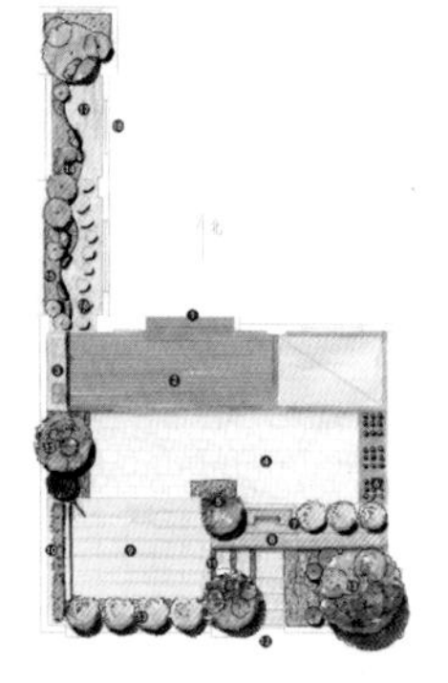

L 形花园布局

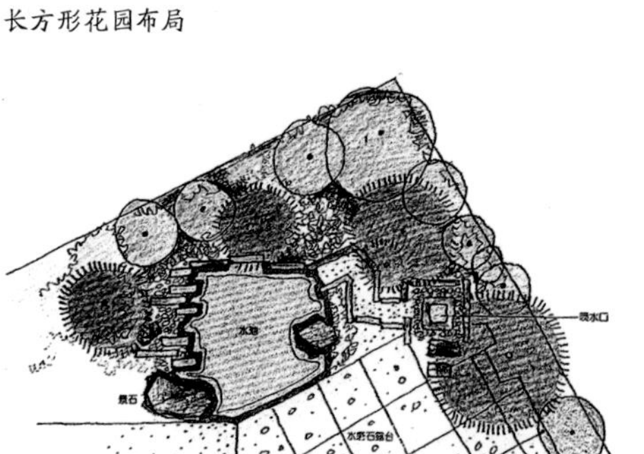

三角形花园布局

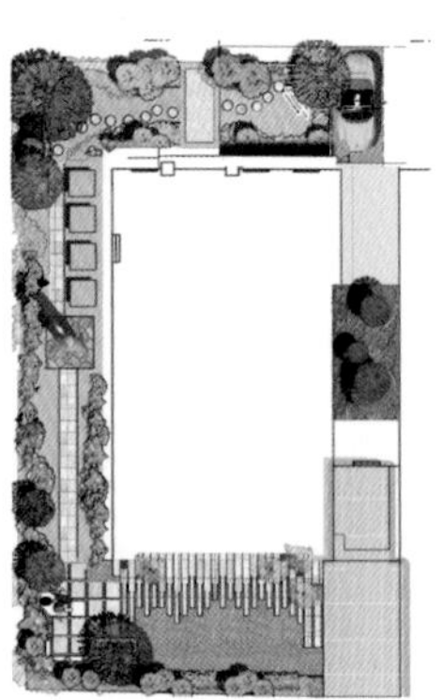

环绕住宅形花园布局

欧式花园

图片来源：了了的花园

欧式花园由欧式古典园林发展而来，欧式花园的起源可以追溯到古罗马时代的庄园住宅，那时的住宅不仅有规则式内院，而且还有平台、传统式柱廊、回廊和围栏水池。到了现代，设计师们从文艺复兴时期同类布局的花园中汲取灵感，使这一类型的花园格局回归古典。欧式花园的中心位置一般布置广场、廊柱或雕像，周围布置整齐的灌木或模纹花坛，同时注重水景的设计。整个花园注重平衡对称和比例关系，展示出整齐幽雅的环境氛围。欧式花园并非都是华丽的，也有素雅的小清新风格，目的在于提升人们的舒适感，使人在花园中得到放松。

图片来源：上海屿汀景观设计有限公司

欧式花园主要有英式自然风格花园、法式花园、意大利风格花园等不同类别。英式自然风格花园追求自然，在保持自然植物原本面貌的同时，尽量与周围的环境融为一体；法式与意大利风格花园有中轴线，左右两侧一般做对称设计。欧式花园的主要元素包括修剪整齐的灌木、纪念雕像、柱廊、方尖石塔、装饰景墙、活动长椅等。此外，小天使摆件、日晷、小鸟戏水盆、古典装饰罐、红陶罐等也常被运用到欧式花园中。

中式花园

中式花园强调“师法自然”的生态理念，以自然风光为主体，将各种设计元素有机地融为一体且注重文化积淀。一般通过植物、铺装、亭、廊、榭、叠石、水景等元素，打造色彩素雅、意境无穷的空间。中式花园喜欢寓情于景，大部分景观都能找到它所指代或隐喻的意义，比如多以植物暗指主人的志趣和品格风尚。造园时多采用障景、借景等手法，利用大小、高低、曲直、虚实等对比，达到扩大空间感的目的，产生“小中见大”的视觉效果。

图片来源：苏州纵合横空间景观设计有限公司

图片来源：苏州纵合横空间景观设计有限公司

图片来源：苏州纵合横空间景观设计有限公司

中式花园种植的植物多是形态优美且具有美好寓意的植物，如屋后栽竹，庭前植桂，阶前梧桐，转角芭蕉，花坛牡丹、芍药，水池荷花、睡莲等。点景则用翠竹、石笋，小品多用石桌椅、观赏石，等等。

日式花园

日式花园将造园与禅宗相结合，极富禅意和哲学意味。枯山水庭园是日式花园的代表，用白沙象征溪流、大川或云雾，用石块象征高山、瀑布或岛屿，以单纯的材料营造空白与距离，把园林推向抽象的极致，借以灯光，在白墙或树木的映衬下，营造出依山傍水的诗情画意。枯山水庭园既是模拟大自然的形态，又进一步提炼这种形态，使人在疏枝密叶间、在有与无之间体悟内心。

图片来源：苏州廷尚景观工程有限公司

日式花园以针叶乔木和常绿灌木为主要绿色背景，植物的位置都是经过刻意安排的，同一园区内作为主景的植物往往仅有一两种。常用的植物有日本红枫、竹子、杜鹃、山茶、苔藓、蕨类植物等，日式花园的植物与欧式花园的植物有较大区别，日式花园更尊重树木的个性和原始形态，保持其原有的姿态，这种表现形式在日本传统美学以及价值观中具有重要的地位。在日式花园中，石头、水、灯光、沙砾也是必不可少的，如石灯笼、旧磨石、竹管流水等，地面除了植被外，就是各种卵石和碎石。沙砾在日式庭院中主要模仿海面波纹和水纹来铺设，能令人联想到大海。另一方面，沙砾还有避免黄土飞扬、杂草丛生的作用。石灯笼是日式花园设计中不可或缺的点缀，不仅能用来衬托景致，又可当作路灯照明，周围配上小树、苔藓和蕨类植物，更能增添花园的风情。

图片来源：戎小六的花园

设计师：俞啸锋

美式花园

美式花园有别于其他欧式花园所展现的华丽，它的自然朴实、纯真活力备受人们的推崇。美式花园在保持一定程度的欧式古典神韵的同时，形式上趋于简练随意、自然淳朴，更具有简洁明快的特点。美式风格是自由主义的体现，它的空间规划不拘一格，在有限的空间里，创造出一个步移景异、自然淳朴、环境舒适的高品质花园。

美式花园适合面积比较大的花园，色调主要是绿色、土褐色等自然的色彩，展示出朴实却悠闲舒适的乡村生活，因此经常会运用绿植、原木、竹藤等质朴的材料去营造自然景观。美式花园一般种植整洁规整的大草坪，看起来充满自由的气息，但也兼具舒适度和实用性。美式花园的气氛似乎总逃不过“慵懒”，在水池旁的树荫或遮阳伞下睡个午觉，或者晒晒太阳都是极好的休闲方式。

图片来源：Lucas Studio, INC

图片来源：上海屿汀景观设计有限公司

现代花园追求简洁干净，避免烦琐、过度的设计，这种设计理念适应快节奏的现代生活。但是简洁并不等于简单，现代风格花园的设计讲究实用性与功能性，对色彩、材料的要求较高，简约又不失格调，干练、明朗，达到“少即是多”的效果。在设计现代风格花园的过程中，可以将原材料、色彩、设计元素尽可能地简化，但同时要对材料、色彩的质感等有一个较高的要求，色彩一般以黑、白、灰等冷色调为主，灯光选择暖色调，装饰、铺装等讲究造型比例，一般采用新型的材质，打造出简洁干净而又舒适实用的花园空间。

图片来源：上海隽庭工程设计有限公司

图片来源：上海隽庭工程设计有限公司

现代花园的装饰元素以简洁为主，一般摆放具有现代感、实用性强的桌椅，植物的选择也很精练，草坪一般为花园的主题，搭配一两棵高大的树木及少量的灌木，常用的植物有棕榈科植物、小叶女贞、彩叶草等。

Welcome

第2章 花园家具

布艺沙发

花园沙发需要选择户外专用的布艺沙发，户外布艺沙发采用的是防水和透气性极好的面料，这种面料除了防水还能防污、防霉变，但防水面料并不能让整个布艺沙发都防水，拉链、针孔都会让雨水渗入沙发内部，所以户外布艺沙发对填充物的要求也比较高。户外布艺沙发的坐垫和靠垫均采用高性能的防潮、防湿的快干绵，比起普通的沙发填充海绵，快干绵能快速漏水，恢复干燥，哪怕被雨淋湿，在太阳光下晒 2 ~ 3 小时就能快速干透。

图片来源：杭州恒力市政景观艺术有限公司

摄影：Jim Simmons

休闲桌椅

花园家具中最常见的便是休闲桌椅。桌椅既能起到装饰美化的作用，又有实际的生活休闲功能。花园大多为户外环境，家具要经受风吹、日晒、雨淋，所以选择桌椅时，除了需要考虑美观因素外，还应根据实际的需求，选用合适的材质。常见的桌椅材质有木质桌椅、金属桌椅、石材桌椅等。

木质桌椅往往给人一种自然温馨的感觉，花园中使用的木质桌椅最好选用以防腐木为主的户外桌椅，另外还需要定期用木蜡油或者油漆保养，否则容易变形腐烂；金属桌椅的造型多样，风格多变，适合多种不同风格的花园，金属材质也比较耐用，但仍需注意防晒和防锈；石材桌椅不容易损坏，给人一种自然大气的感觉，一般为固定式或者较沉重，确定好桌椅在庭院中的位置后，一般不再移动。

图片来源：航头花园

摄影：Diana Elizabeth

图片来源：上海屿汀景观设计有限公司

摄影：Ken Hayden

遮阳伞

想在花园中好好地休息一番，或想避免庭院中的桌椅或者其他家具遭受日晒雨淋，这时候设置遮阳伞就很有必要了。花园遮阳伞有木伞和铝合金伞，推荐选择铝合金伞，可以避免遮阳伞在户外受潮腐朽的情况。遮阳伞可以分为中柱伞和侧柱伞，选择不同的遮阳伞时，应从庭院大小、风格等方面来考虑。

中柱伞的伞柱在中间，小巧且便于移动，适合小庭院使用，但中柱伞需要在桌子中间穿孔，会造成一定的空间浪费。

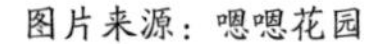

图片来源：嗯嗯花园

图片来源：上海沙纳景观设计

秋千

秋千是孩子的玩伴，也是花园中一道独特的风景。花园秋千按形式可分为简易秋千和秋千吊椅。为了保障安全，秋千要定期进行检修，着重检查吊带接触的连接点，并及时进行防潮、防腐处理。

由两根绳子和一块木板做成的简易秋千，虽然简陋却亲和质朴，让人心生满足；秋千吊椅适合亲子玩耍，也适合好友一起坐在上面聊天，一起放声大笑，或者各自做自己的事情，安静却很和谐。

图片来源：冬虫的花园

图片来源：冬虫的花园

第3章
花园装饰

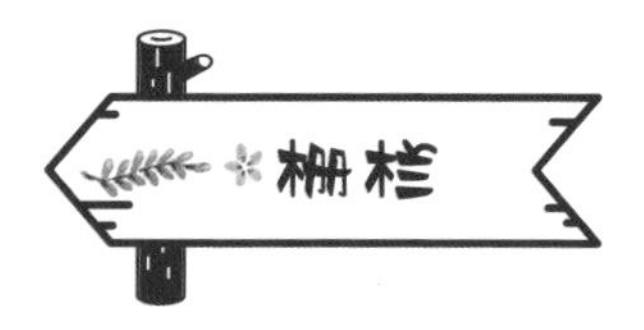

栅栏是私家花园中的常用元素，由栅栏板、横带板、栅栏柱三部分组成，起到装饰、简单防护、分隔空间的作用。防腐木与铁艺是花园中最常用的两种栅栏材质。栅栏要定期清洁，保持表面干净整洁，定期检查，及时修补破损部位，定期补漆，保证栅栏的观赏性和防腐性。

为了使栅栏看上去更具有生机，可以增加一些植物作为点缀。能用于栅栏绿化的植物种类很多，主要为攀援类及垂吊类植物中的一些俯垂型植物，常见的有藤本月季、爬山虎、常春藤、牵牛、炮仗花等。

即便没有鲜花的点缀，粉紫色栅栏也是一道亮丽的风景

图片来源：朴园 Urban Rose

汀步石

现代景观中，汀步多建于草坪、碎石之上，能有效减少与自然的割裂感，增加景观的统一性。规则铺装的汀步石能够营造一个相对平静的花园氛围，不规则铺装的汀步石则使得空间更有韵律感。汀步石的形状也可以不拘一格，作为花园点与面之间的美感诠释，富有质朴感、节奏感和趣味性，给人一种别样的自然体验。

图片来源：侃侃的忘忧岛花园

砾石径

用砾石铺装的园径，施工简单且干爽、稳固、坚定，能很好地柔化铺装本身的坚硬感。砾石径选用与景观元素相似的颜色，给人柔和、自然、舒适的感觉。松动的砾石铺在地上，脚感非常舒服，且可以有效抑制杂草的生长，但在铺设时请注意选用没有尖锐角的豆石，避免对皮肤的割伤。在砾石径周边种植植物，可以让铺装活泼起来，渗水透气的砾石铺装也能更好地满足植物的生长需求。

图片来源：上海庭匠实业有限公司

草坪

花园中铺设草坪，不仅增加了一个富氧的休憩空间，而且能使空间看起来更加开阔。草坪可作为花园内统一的背景，连接各个景观元素，也可作为角落空间的填充物，都能取得不错的景观效果。不过草坪需要定时施肥、灌溉、修剪、除杂草，只有精心养护，才能维持绿意盎然的效果。

图片来源：上海庭匠实业有限公司

图片来源：了了的花园

铺砖

砖是一种很流行的铺地材料，可铺设成各样的图案，不仅经久耐用而且美观大方。它的品种应用主要是水泥砖、红砖、陶土砖、烧结砖。水泥砖应用最广，价格低且十分耐用，其中透水水泥砖能有效预防雨后积水问题，实用价值非常高；红砖物美价廉但是质地较脆；陶土砖和烧结砖铺装效果最好，但是价格相对较高。

图片来源：Summer Garden

图片来源：朴园 Urban Rose

枕木

用作枕木的木材通常都异常结实而且耐磨，所以适宜用在户外。它们是铺筑花园和台阶的好材料，还可用来构筑花坛的边沿。在花坛和枕木之间最好种植一些地被植物，一来可以增加其魅力，二来也可以让人走在上面时有安全感。

结实耐用的枕木铺装

杂货

杂货摆件虽然没有什么实际用途，却是花园里不可或缺的氛围营造者。它既丰富了我们的花园空间，又能为花花草草提供装饰背景。摆件的形式多样，无论什么样的小品、雕塑、水罐、花瓶……林林总总，只要放置得当并与周围景物相配即可，都能在花园里找到摆放它的位置。

图片来源：了了的花园

图片来源：晓娟的杂货花园

小型水景

水是生命之源，能给人们带来愉悦舒适的感受，水景设计是借助水的动态效果营造充满活力的居住氛围。花园小型水景一般有水池、水景墙、景观小水景三种，精致耐看、便于打理。再辅之以各种灯光效果，使水体具有丰富多彩的形态，来缓冲、软化硬质的地面和建筑物。

在设计花园水景的过程之中有两点需要重要考量：一是水景的可亲近，要让水景与人们产生互动，而不是只可远观，这同时也对水的边界区域提出了安全方面的要求，尤其需要针对儿童、老人的亲水活动提出必要的策略；二是水景的后期维护，设计是需要付诸实践、切实落地的，对于水景的设计必须考虑排水、清理等各方面的技术问题，不然将遗留下后期方案实施与日常维护方面的问题。

图片来源：LUVEA 花园

图片来源：阿弥花园

景观雕塑的材料丰富、主题广泛、造型百变，是点缀花园的重要元素之一。作为造型艺术的一部分，雕塑的摆放位置对于空间的构成往往具有点睛作用。

私家花园内的雕塑一般尺度较小，选用以动物主题、拟人生活化情景和具有纪念意义的题材居多。在进行花园雕塑的摆设时，要注意雕塑与花园的环境相和谐，并符合花园主人的审美要求，摆放时要选择合理的位置，以及选择体量合适的雕塑摆件，太大了显得花园空间逼仄，会喧宾夺主，太小了则达不到好的装饰效果。

图片来源：自然的东北四季花园

在花园空间中，要想吸引大众的目光，选择与植物匹配的花盆也是非常重要的。选择花盆时，不仅要考虑花盆的形状、比例，还要考虑花园本身的风格和所种植植物的习性。比如，摇曳的水草装在微微鼓起的水罐里，就是一种不错的搭配。

图片来源：自然的东北四季花园

图片来源：朴园 Urban Rosa

花架是用刚性材料构成一定形状的园林设施，具有组织空间、构成景观、遮阳休息、展览盆栽花卉或盆景的作用。体量大的花架里面可以放置一些桌椅座凳，这样可以增添实用性，成为工作之余静心、小酌的优雅之所。而面积小的花架，主要是为了方便植物的攀爬，营造景观的层次感。

图片来源：茗妈花园

图片来源：荷塘月色的花园

第4章

花园绿植

高层次骨架植物

枫树

花语 坚毅不拔、不畏苦难

观赏期 秋天

特性 枫树又称槭树，属于乔木，庭院种植一般会修剪控制其高度。它的叶子是相对而生的，里面含有花青素，到了秋季就会变色，看起来美极了。例如，红枫在庭院里能散发出独特的中式韵味，适合中式、日式和现代庭院中应用。

养护要点 （1）喜阴凉而凉爽的环境，忌强烈阳光直射。

（2）具很强的抗旱能力，对水分需求量不高，可以按照见干见湿的原则给植株浇水。

（3）萌芽前和展叶时各施 1 次有机液肥，雨天不要施肥，休眠期不要施肥。

罗汉松

花语 长寿、万年长青

观赏期 全年

特性 树姿秀丽葱郁，夏、秋季果实累累，观果、观叶均可，惹人喜爱。可于庭院门前对植和墙垣、山石旁配置，盆栽或制作盆景均可。

养护要点 （1）喜温暖、湿润气候，耐寒性弱，耐阴性强。

（2）生长期保持土壤湿润。土壤干燥时浇透水，盛夏早晚淋透淋足，以防叶子萎蔫。

（3）不喜浓肥，一般 10 ~ 15 天施 1 次腐熟的有机肥。

桂花

花语 吉祥、美好

观赏期 秋天

特性 常绿乔木或灌木，集绿化、美化于一体。作为中国传统十大名花之一，桂花清新脱俗，花朵极其芳香，闻起来沁人心脾。此外，桂花也是茶类的优质原料，可以制作桂花茶，清甜润口，深受大众的喜爱。

养护要点 （1）光照充足或半阴环境均可。在黄河流域以南地区可露地栽培越冬。

（2）高温天气常浇水，干冷季节减少浇水量。

（3）生长旺季可浇适量的淡肥水，花开季节肥水可略浓些。

竹子

花语 清高、正直、有气节

观赏期 全年

特性 竹子种类繁多，形态各有不同，生活习性也不尽相同。其四季常青，挺拔多姿，是高风亮节的象征，与梅、兰、菊同时被称为“四君子”，常用于打造中式风格庭院。

养护要点 （1）大部分竹类都喜光照，阴暗则生长不良。

（2）既要有充足的水分，又要排水良好。

（3）每季施肥 1 次。

红千层

花语　英姿飒爽、风韵独特

花期　6—8 月

特性　红千层外形美观，花形奇特，开放时火树红花，仿佛喷吐的火焰，具有很高的观赏价值。也有人叫它瓶刷子树，因为其整齐排列、拥簇在一起的圆柱形花柱，看起来就像是瓶刷一样。

养护要点　（1）于阳性树种，养护时要保证阳光充足。

（2）对水分要求不严，但在湿润的条件下生长较快。对枝叶喷水是种后能否成活的重要环节。

（3）对养分需求较高，生长期在一个月中追施 1 ~ 2 次，保证养分充足。

海棠

花语　富贵满堂

花期　3—5 月

特性　海棠花不单有梨蕊的皎洁，亦有梅花孤傲的品性。其叶茂花繁，不仅花色艳丽，果实也玲珑可爱，是著名的观赏花木。

养护要点　（1）喜光照充足，不耐阴，宜植于南向之地。

（2）浇水要掌握见干见湿的原则，平时保持土壤湿润即可，夏季土壤偏干燥。

（3）薄肥多施，春、秋季半月施肥 1 次，花期前后及时追 1 次磷钾肥。

银叶金合欢

花语 稍纵即逝的快乐

花期 1—3 月

特性 银叶金合欢开花较早，当每年春寒料峭之时，它就迫不及待地开花了，盛开时满树金灿灿的花朵与银叶相映，形成一幅撩人春色。其花朵朝开晚闭，花朵像烟雾，一开就是一团，非常漂亮。

养护要点 （1）喜光照充足，但光照过强需做好遮阴。

（2）对水分需求较低，每隔 3 ~ 5 天浇 1 次水，使土壤处于微湿状态即可。

（3）不同生长期应选用相应的有机肥料，确保植物生长具备相应养分。

木香花

花语 和平、正直

花期 4—5 月

特性 攀援小灌木，适合作为庭院的绿篱和棚架植物。其名字里带着香字，不过，香的是白木香，黄木香花不香，但花色娇艳欲滴。进入夏季后，木香茂密的枝叶下可以乘凉。

养护要点 （1）喜阳光，亦耐半阴，较耐寒。

（2）浇水因季节而异，冬季休眠期保持土壤湿润，不干透就行。

（3）喜肥，基肥以迟效性的有机肥为主，每半月加液肥水 1 次。

白玉兰

花语 纯洁的爱、高洁

花期 春季

特性 白玉兰茎干挺拔，花朵硕大，洁白如玉，香似兰花，故名玉兰，是早春色、香俱备的观花树种。因其开花时无叶，在庭院栽植时最好用常绿金针叶树做背景。

养护要点 （1）喜向阳，也能在半阴环境生长。
（2）不耐积水，喜湿润而排水良好。
（3）较喜肥，但忌大肥，每年施肥 2 次即可。

腊梅

花语 高风亮节、坚强不屈

花期 11 月至翌年 3 月

特性 枝干古朴，凌寒绽蕊，自古以来就深受我国人民喜爱。其花色似蜡，花期长，是具有中国园林特色的冬季典型花木。

养护要点 （1）喜湿润和阳光充足的环境，较耐寒，耐半阴。
（2）一般春、秋季每两天浇 1 次水，夏季天天浇，冬季 4 ~ 5 天浇 1 次。
（3）夏季要浇 2 ~ 3 次液肥，供形成花芽养分。

鸡蛋花

花语 低调含蓄、孕育希望

花期 5—10 月

特性 在中国，鸡蛋花寓意内敛，它没有玫瑰高贵的姿态，也没有牡丹傲然的气质，但是鸡蛋花的花形朴素淡雅，非常符合中国人低调含蓄、与世无争的中庸思想，故而特别受欢迎。鸡蛋花无毒，花朵清香，落后数天也能保持香味。

养护要点 （1）阳光越充足，生长就会越茂盛，开出来的花也会更多、更香。

（2）土壤不干就不用浇水，干则一次性浇透，但忌积水。

（3）喜肥，花期每半月施 1 次有机肥或复合肥，不可以单独施氮肥，避免出现徒长的情况。冬季一般不施肥。

刺桐

花语 红红火火

花期 2—5 月

特性 刺桐为落叶小乔木，树身高大挺拔，枝叶茂盛，花色鲜红，花序颀长，远远望去，一个个花序就像一串串熟透了的火红辣椒，艳丽异常。

养护要点 （1）喜强光照，要求高温、湿润环境和排水良好。

（2）怕大水，土壤要半干半湿。夏季气温高，可以一天浇水 1 次，冬季每隔两三天浇水 1 次。

（3）对肥料的要求不多，每隔 2 ~ 3 周进行 1 次追肥。

中层次开花植物

月季

花语 吉祥、富贵、幸福

花期 连续开花

特性 月季具有姣好的花容、绚丽的色彩、宜人的芳香、连续的开花习性，享有“花中皇后”的美誉。其花朵形态各异，色彩千变万化，深受园艺人士的喜爱。

养护要点 （1）性喜温暖、日照充足、空气流通的环境，否则容易开花不良。
（2）浇水有讲究，要做到“见干见湿，不干不浇，浇则浇透”。
（3）月季花喜肥，生长期要勤施肥。

牡丹

花语 富贵吉祥、繁荣昌盛

花期 5月

特性 牡丹枝干挺拔，花大色艳，雍容华贵，国色天香，景观效果很好。它是花境的良好材料，可在中式古典庭院中筑花台种植，华丽又充满生机。

养护要点 （1）喜阳光，不耐炎热高湿，喜温凉、干燥。
（2）牡丹花是肉质根，有储水功能，不能浇水过多，忌积水。
（3）生长期施肥3～4次，现蕾前增施1～2次磷钾肥。

三角梅

花语 红红火火

花期 因品种而异，全年均能见花

特性 满树皆花，十分耀眼，华南、西南地区常做花篱、棚架植物，形成立体花卉景观，北方一般做盆花欣赏。注意茎枝上的尖刺。

养护要点 （1）喜阳植物，不耐阴，需通风良好。
（2）浇水要掌握“不干不浇，浇则浇透”的原则。
（3）施肥要适时、适量，合理使用。

绣球

花语 幸福、圆满

观赏期 6—8 月

特性 品种丰富，开花时节花团锦簇，数十朵聚成球状，其色或蓝或红，妩媚动人，令人悦目怡神。群植或单株栽植，观赏价值均高。

养护要点 （1）喜半阴，不耐强光照射，喜温暖气候。
（2）盆土常保持湿润，但要防止雨后积水。
（3）服盆后可施 1~2 次稀薄液肥，花前、花后各施 1~2 次追肥，以促使叶绿花繁。

朱顶红

花语　渴望被爱、追求爱

花期　夏季

特性　球根花卉，叶子肥厚亮泽，花朵鲜艳夺目，搭配起来非常好看，放在庭院是很好的选择。水养的朱顶红会在水盆中长出洁白的根须，映衬在绿叶红花之中，分外养眼。

养护要点　（1）不喜酷热，不耐强光，冬季休眠期需冷凉干燥。

（2）浇水要透彻，但忌水分过多、排水不良。

（3）喜肥，上盆后每月施磷钾肥 1 次，原则是薄施勤施，以促进花芽分化和开花。

毛地黄

花语　热爱、喜欢

花期　6—8 月

特性　花管状，白色或紫色，有斑点，适于盆栽，也可作自然式花卉布置。人工栽培品种有白、粉和深红色等。

养护要点　（1）喜阴植物，适宜湿润而排水良好的土壤。

（2）幼苗要注意及时浇水，定植后也要立即浇水，促使缓苗。

（3）需肥量较大，喜欢液态氮肥。

向日葵

花语 光辉、对梦想的热爱

花期 7—9 月

特性 向日葵又名朝阳花，因花盘随太阳转动而得名，可食用和观赏。其花色亮丽，纯朴自然，极为壮观，深受大家喜爱。

养护要点 （1）喜阳光充足，有很强的向光性。对温度的适应性较强。
（2）耗水较多，需经常浇水。
（3）追肥以氮素化肥为主，配合一定量的钾肥。

天竺葵

花语 决心、真爱

花期 初冬至初夏

特性 多年生草本花卉，花色有白、粉红、红、橙红、深红等。天竺葵株型好，叶密色绿，花朵鲜艳夺目，充满喜庆热烈、欣欣向荣的气氛，观赏价值很高。

养护要点 （1）喜阳光充足，光照不足时不开花。温度要控制，太冷、太热都不好。
（2）每次浇水要量大，保证浇透，但忌水过多，容易造成根部溃烂。
（3）施肥过多会造成脱水，且不开花。

荷花

花语 高尚、纯洁

花期 6—9月

特性 荷花中通外直，花大色艳，出淤泥而不染，迎骄阳而不惧，为文人墨客所喜爱，是深受人们喜爱的优秀花卉之一。

养护要点 （1）喜全日照，不耐阴，不耐寒。阳光不足，荷花只长叶不开花。

（2）水生植物，家庭适合缸栽和水养。

（3）叶片出现黄瘦现象时注意施肥，开花期最好每周追施1次液体肥料。

郁金香

花语 神圣、幸福

花期 3—5月

特性 花单朵顶生，大而艳丽，花色变化多端，高雅脱俗，百看不厌，深受人们喜爱，被誉为“世界花后”。

养护要点 （1）属长日照花卉，要求冬季温暖湿润、夏季凉爽干燥。

（2）栽培过程中忌灌水过量，开花时水分不能多，浇水应“少量多次”为好。

（3）生长旺季每月施3～4次氮磷钾复合肥，花期要停止施肥。

洋水仙

百合花

花语 生命之火

花期 3—4 月

特性 球根花卉。其顶生花朵硕大，鲜黄亮丽，清香诱人，是一种极具观赏价值的植物。它的花朵要比水仙大很多，而且颜色更加多变和艳丽，但几乎没有香气。

养护要点 （1）喜温暖、湿润和阳光充足环境，对温度的适应性较强。

（2）土干后浇水，生长期保证充足水分，浇水不及时会影响花根生长。

（3）喜肥，生长期约半个月施加 1 次液体磷钾肥，休眠期不用施肥。

花语 心心相印、百年好合

花期 4—7 月

特性 百合花素有“云裳仙子”之称，外表高雅纯洁。目前栽培的多为杂交品种，有香水百合、火百合等，花色有白、黄、粉、红等多种。其香气浓郁，常用作新娘捧花。

养护要点 （1）喜温暖、湿润和阳光充足环境，也较耐寒。

（2）花期供水要充足，花后应减少水分。

（3）生长期内施肥 1 ～ 2 次，追肥用氮肥。

风车茉莉

花语 品德高尚、幸福吉祥

花期 5—6 月

特性 花朵很有特点，长得像风车的扇片，又像佛教的“卍”字，开花时一眼便能认出，花香也很浓郁，比较好养，但要注意汁液有毒。

养护要点 （1）适合在半阳半阴环境下生长，每天不少于 4 小时的散射光。

（2）喜欢潮湿的生长环境，浇到土彻底湿润就可以。

（3）喜肥，生长期可多使用养料，促进枝叶生长。

炮仗花

花语 喜庆、安康

花期 冬至春季

特性 株型攀援，枝蔓细长，覆盖面积大，主要用于栏杆、花架等处的绿化美化。开花多，生长快，花期又长，犹如一串串鞭炮，为环境增添喜庆色彩。

养护要点 （1）喜向阳、温暖和通风环境。

（2）浇水要见干见湿，切忌盆内积水。

（3）肥水要足，生长期间每月需施 1 次追肥。

鼠尾草类

花语　热爱家庭

花期　6—9 月

特性　香草植物，作为薰衣草的双胞胎，鼠尾草的花朵是穗状的，比较像老鼠的尾巴，故而得名。它的花是蓝色和紫色的，开花量大，犹如花的海洋，观赏价值很高，能营造幽静的感觉。

养护要点　（1）适应性强。喜温暖、光照充足、通风良好的环境。
（2）生长期间要勤浇水，使土壤保持湿润，但不要有积水。
（3）生长期每半个月施肥 1 次。

雏菊

花语　素雅、高洁

花期　3—6 月

特性　雏菊别名又叫“玛格丽特”，花朵小巧玲珑，色彩明媚素净，具有君子的风度和天真烂漫的风采。其花期长，耐寒能力强，是早春地被花卉的首选。

养护要点　（1）喜光，耐半阴，喜冷凉气候。
（2）在浇水前应让土壤稍干，湿润但不能潮湿。
（3）喜肥沃土壤，每隔 7 ~ 10 天追肥 1 次，可用花卉肥，也可用复合肥。

喇叭花

花语 顽强、爱情永固

花期 6—9 月

特性 也叫大花牵牛，为草本缠绕性植物，适应性强，栽培容易。喇叭花清晨开放，花大色艳，是夏秋季重要的蔓性花卉。其花色丰富，有白、粉、红、蓝紫、紫红等，别有风趣。

养护要点 （1）阳性植物，稍耐半阴，喜温暖气候。

（2）叶子打蔫时浇水，南方比北方浇得多，水量以浇透为原则。

（3）注意肥料的浓度，要薄肥勤施，一般是半个月或 1 个月施加 1 次。

蔷薇

花语 爱情

花期 4—9 月

特性 人们通常所说的蔷薇，是这类花的通称。蔷薇花色丰富，花朵有大有小，但都簇生于梢头。蔷薇的栽培与月季有许多相似之处，但它比月季管理粗放。

养护要点 （1）阳性花卉，喜阳光，亦耐半阴，较耐寒，在中国北方大部分地区都能露地越冬。

（2）喜湿润但怕湿忌涝，故要控制浇水量。

（3）喜肥，需按薄肥勤施的原则，供给养料。

蓝雪花

花语 高冷

花期 7—9 月

特性 叶色浓绿，花色淡蓝，明明是冷色调配冷色调的搭配，却是出奇的和谐，给人一种“本是如此”的感觉。其观赏期长，花色淡雅，给炎热的夏季带来阵阵凉意。

养护要点 （1）具有喜光照、耐高热的天性，不管是户内还是户外都能生长良好。

（2）每周至少施用 1 次全元素复合肥。

（3）日常保持土壤表面干燥，浇水时注意浇透。

铁线莲

花语 高洁优雅

花期 6—9 月

特性 株型丰满美观，有“藤本皇后”的美称，花期长，花大而多，最适合种植在拱门、凉亭上，或者攀爬在格架等装饰上，经过造型设计和精心修剪，展现不一般的美。

养护要点 （1）喜光照，生命力顽强，不怕寒冷。

（2）等土壤表面干燥了再浇水，一定要浇透。

（3）遵循薄肥勤施的原则，花期前追加适当的磷钾肥，会使花开得更好，花期更长。

大花葱

花语 聪明可爱

花期 5—6 月

特性 大花葱具葱味，很少得病虫害，管理上非常省心。其花色鲜艳，球形花丰满别致，具较高的观赏价值。与其他多年生草本植物搭配，次第开放，相辅相成，使花境或草坪拥有一种华丽感和神秘感。

养护要点 （1）喜冷凉、阳光充足的环境，适合北方地区栽培。

（2）不耐涝，浇水保证盆土湿润就可以了，要宁干勿湿。

（3）生长期每半月施 1 次稀薄的复合肥，保证营养均衡。

耧斗菜

花语 坚持就是胜利

花期 春末夏初

特性 耧斗菜也称“猫爪花”，花形非常优雅，像猫爪子一样可爱，属多年生草本花卉。该花娇小玲珑，花色明快，适应性强，比较适合在北方栽种。

养护要点 （1）不喜高温和暴晒，适宜冷凉环境，耐半阴。

（2）不耐涝，遵循宁干勿湿的浇水原则，每月浇水 4 ～ 5 次。

（3）除了基质中的基肥外，每月施肥 1 次即可。

大花芙蓉葵

花语 早熟

花期 6—9 月

特性 比脸还大的花朵，仿佛有种当年拿 A4 纸与腰比细的影子。其花期超长，充分体现出“花有百日红”的特色。花色还特别丰富，从纯白色到深玫红色都有，让人不服不行。早上花的颜色是白色或粉红色，一到午后就变成了大红色，相当惊艳。

养护要点 （1）全日照下生长良好，在遮阴处生长不良。

（2）及时浇水，保持土壤湿润，避免过于干旱。

（3）对肥料的需求不多，生长旺盛期注意进行以磷钾肥为主的施肥。

紫珠

花语 聪明

果期 秋季

特性 果实的颜色是紫色的，非常明亮，色彩特别迷人，如一串串紫色的珍珠悬挂在枝叶间，特别好看。在秋天各种灌木都结红果的季节，它的紫色分外醒目。

养护要点 （1）阴凉环境生长较好，但光照也必不可少。

（2）属于浅根性植物，盆栽不耐涝，注意控制水量，不干不浇，浇就浇透。

（3）喜肥，生长期每隔 20 天施 1 次肥，平时两个月施 1 次稀释的饼肥液。

花语　幸福归来

花期　5—6 月

特性　铃兰植株矮小，芳香宜人，入秋时红果娇艳，十分诱人。其花朵颜色为白色，向下绽开，造型别致好看，还会散发出淡淡的香气，非常具有观赏性。

养护要点　（1）喜半阴、湿润环境，忌炎热干燥，耐严寒。
（2）忌干旱，对水分的要求很高，需要随时保持盆土湿润，但也不能浇水过量。
（3）基本上每隔半个月追施 1 次磷钾肥。

花语　矛盾、犹豫

花期　圣诞前后

特性　铁筷子花是属于被名字拖累的一类植物，其实它的花朵极其美丽，在国外享有极高声誉。铁筷子还有一个别名叫“冬雪玫瑰”，因为它一般在冬季和早春开花，也就是圣诞节前后，故而得名。

养护要点　（1）喜阴，较耐寒，适合在半阴凉且较为通风的环境下生长。
（2）喜湿，生长期要保持盆土湿润，冬季保持干燥。浇水一般浇在根部，容易吸收。
（3）对肥力的要求不高，一般在发芽后、开花后和冬季来临之前各施 1 次复合肥。

金鱼草

花语　钱财有余

花期　6—7 月，9—10 月

特性　金鱼草易成活，非常好养，体型不大不小，“不娇气”的性格特点是其广受欢迎的原因。它花型较小，但花色丰富，常见的有粉色、红色、紫色、白色，观赏价值极高。

养护要点　（1）喜阳光，也耐半阴，较耐寒，不耐热。

（2）对水分比较敏感，没有固定频率，不让土壤太干就行。

（3）生长期半个月追施 1 次液肥，开花期停止施肥。

比利时杜鹃

花语　鸿运当头、生意兴隆

花期　一年四季

特性　株型美观，叶色浓绿，花朵繁茂，具有喜庆气氛。其花色丰富，有红、白、粉红、大红等。

养护要点　（1）长日照植物，但喜半阴，怕强光直射。

（2）生长期需适量浇水，保持土壤湿润。

（3）开花前期需要适量施肥，以磷钾肥为主，有利于花朵的生长，还能延长花期。

低层次地被植物

鸢尾类

花语 激情、热爱

花期 4—5 月

特性 多年生宿根或球根草本，形态挺拔，叶片青翠，似剑若带。其花大而色美，花型奇特，有纯白、姜黄、桃红、淡紫等，是庭院绿化的良好材料，也可用作地被植物。

养护要点 （1）喜阳光充足，气候凉爽，耐寒力强，亦耐半阴。
（2）日常浇水可以观察土壤状况，保持偏干状态为最佳。
（3）1 ~ 2 个月施有机肥 1 次。

穗花婆婆纳

花语 健康

花期 6—8 月

特性 一种观赏性不错的草本花卉，品种丰富，花通常是白色、紫色、粉色或蓝色。它的花期很长，适合作为花境植物，是很好的线形花材。

养护要点 （1）耐寒性强，喜光，耐半阴。
（2）属长日照植物，生长期要保持盆土湿润而不干燥，冬季需节制浇水。
（3）对肥料的要求不高，一般在春季施氮钾肥即可。

银莲花

花语 淡薄的爱、端庄高雅

花期 4—7 月

特性 多年生草本植物，花色浓郁，鲜艳动人，似清莲一般绽放着独特的气质，艳而不妖。银莲花是春、秋季优良的庭院花卉，适宜布置花径和花坛，也可盆栽。

养护要点 （1）喜光，但不耐强光，夏季注意遮阴。
（2）喜温暖湿润，但不耐水涝，浇水注意把控水量。
（3）喜肥，开花前施足基肥，花期每周施肥 1 次。

苔藓

花语 母亲的爱

观赏期 无

特性 苔藓植物是一群小型的多细胞绿色植物，形状简单，与藻类相似，呈扁平的叶状体。其一般生长密集，有较强的吸水性，能够抓紧泥土，有助于保持水土平衡。

养护要点 （1）喜欢阴暗、潮湿，但也需要一定的散射光线或半阴环境，不耐干旱及干燥。
（2）经常喷水，应保持较高的空气湿度。
（3）一般不需要特意施肥。

月见草

花语　默默的爱、不羁的心

花期　6—9月

特性　月见草是属于夜来香的一个品种，但并不能与夜来香画等号。其名虽说是“草”，但却是一种花卉。月见草花一般在傍晚开放，散发出淡淡的幽香，这点与昙花有些相似，花期十分短暂，颇有韶华易逝之感。

养护要点　（1）喜光，适合栽培在庭院通风敞亮处。
（2）比较耐旱，但不耐涝，土壤表层见干时要及时浇水。
（3）生长期每月施1～2次液肥，以氮肥为主，孕蕾期以磷钾肥为主。

折耳根

花语　脉动

花期　4—7月

特性　多年生草本，全身有腥臭味，故又得名“鱼腥草”。其生长快速，开白色小花，一般家庭园艺使用的多为叶子为朱红色的品种。鱼腥草叶面色彩变化丰富，可用于水景边栽植，是池、塘岸边的优良美化品种。嫩根茎可食。

养护要点　（1）阴性植物，怕强光，喜温暖、潮湿环境，较耐寒。
（2）生长期要经常保持土壤湿润，天旱时注意浇水，雨季及时排除积水。
（3）以氮、钾肥为主，对磷肥的用量较少，但不能缺乏。

麦冬和沿阶草类

花语 无畏、不求回报

花期 6—8 月

特性 两类植物外形和造景功能相近，生态习性也较为近似，均为多年生草本。栽植后，终身免修剪，自然成坪，整齐美观，冬天还可以观果，管理费用极低，是理想的地被材料。

养护要点 （1）极耐阴、耐寒、抗旱，喜通风良好的半阴环境。
（2）经常保持土壤湿润即可，北方旱季可适当喷水。
（3）栽植时除施足基肥外，生长期还应每月 1 次增施液体追肥。

松果菊

花语 难以理解的懈怠之美

花期 6—9 月

特性 松果菊是一种十分好养的懒人植物，花朵大型，外形美观，具有很高的观赏价值，可以作为庭院的花境材料。其花色丰富，花期很长，会吸引大量的蜜蜂和蝴蝶来到院子里，如果不修剪，冬日里还可以观赏它们的小松果。

养护要点 （1）喜光，稍耐阴，喜湿润，稍耐旱，抗严寒。
（2）比较耐旱，遵循见干见湿的浇水原则。
（3）生长前期要补充氮肥，后期补充磷钾肥。

第5章

花园案例分享

侃侃的忘忧岛花园

扫码观看花园视频

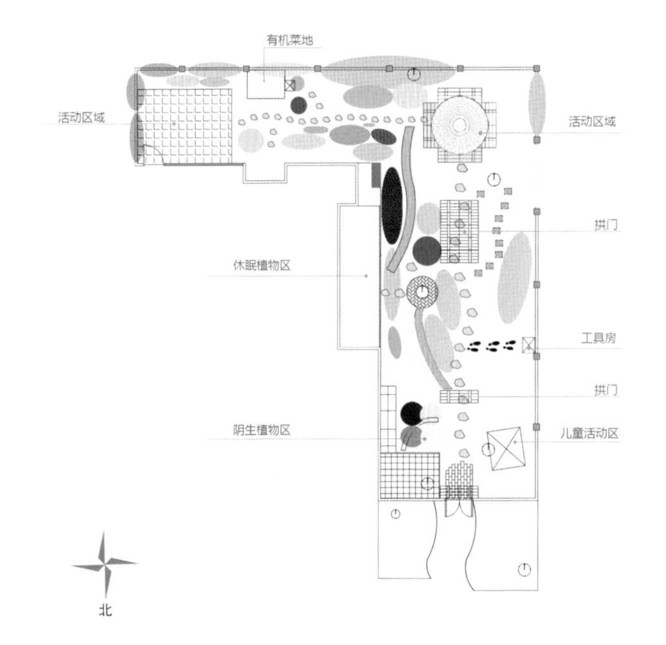

忘忧岛花园位于居民楼的一层，室内区域为花植工作室，户外呈 L 形结构，分南花园和西花园两部分，南花园长约 13 米，宽 4 米，属全日照区域；西花园长约 17 米，宽 7 米，由于有 4 棵大树覆盖，分为半日照和全阴区域。

忘忧岛花园源于它的法语名字 L' le aux enchantements，意为充满自然魅力、爱的魅力及音乐魅力的小岛。花园设计之初主要是考虑为女儿提供一个户外的成长环境，让她有更多机会接触植物，关爱自然，因此花园倾向于自然野趣风格。

GRACE

这是我最喜欢的阴生植物区，选了锦叶八角金盘、顶花板凳草、大吴风草、铁筷子、淫羊藿、常绿耐寒蕨，以及色彩丰富的玉簪、矾根等植物来提亮阴生区域。此外，还摆放了虫虫屋作为这一处花境的焦点，今年已经发现有昆虫入住了！

花园转角处的焦点植物是深受大家喜爱的荷兰大花葱，即使谢幕时也宛如一个个巨型蒲公英，在它们脚下是纤巧轻盈的高加索蓝盆花和黑种草，它们像极了一只只翩翩起舞的蝴蝶。

花园从设计到施工基本上都是家人共同完成的。考虑到花园的整体设计风格，地面铺装和建筑小品都运用极少，仅采用 37 块汀步石代替较宽的人行步道来放慢脚步欣赏美景。

整个花园未采用户外用电照明设备，只有几盏低矮的地插太阳能灯隐藏在植物丛中，来营造夜晚的氛围。考虑到孩子的体验感，搭建了一个小木屋供孩子们玩耍，周围种植了一些线条较为柔软的植物，如菱叶绣线菊、萱草、麦冬等。

花园中有柠檬、小金橘、蓝莓、香草组合，还有一小块约 4.5 平方米的有机菜地，不仅能充当花园设计中的元素，也可供日常采摘食用，同时也是少儿园艺及自然教育中不可或缺的素材，每个孩子都对它们表现出了极大的兴趣。

捕虫网、放大镜、吸虫器以及昆虫观察屋是小朋友们喜爱的花园标配。在我的眼里，花园带给人们的不仅仅是视觉的享受、心情的愉悦，更多的是传递一种生活方式，和对待生活的一种态度。

南花园局部一览

铁线莲“查尔斯王子”

铁线莲“新幻紫”

半阴区域的日本枫、白芨和灯台树花境

花序硕大的栎叶绣球，是打造半阴区域花境的高颜值植物

工具房也可以作为花园一景

花园已经成了我生命中不可或缺的一部分，当我不开心时，就算只是修剪花草、浇水发呆，也能分分钟满血复活，充满无限能量。所以，我笃信花草带来的治愈力，也越来越愿意招待那些为了奔赴美好远途而来的客人，因为我想和更多人分享花园带来的美好，想用这份美丽和生命力感染更多匆匆忙忙的都市人。

花园也是我和家人关于美好的记录。春末夏初，南花园的焦点便是芝樱小路，这条渐变色的碎花路是我为女儿打造的，一共 16 块汀步石，5 个品种的芝樱。

花园也帮助我实现自己的价值，我热爱园艺，也热爱花艺。所以，花艺师和园丁是我赋予自己的双重身份。比如这款黄色系烛台桌花，它的名字叫“忘忧岛花园的春天”，源于某日劳作后抬头的那一刹那惊喜，黄色郁金香、最早开花的黄色鸢尾、开出一串串黄花的羽衣甘蓝、密密匝匝花苞的素馨、代表北方春天的黄色迎春、白色花韭、褪色的铁筷子……

经过 6 年的时间，在郑州这个城市，花园里的植物们各自找到了相互依赖和陪伴的伙伴，现在的花园已实现了一步一景。每年花园都会有新成员的加入，同时也会有离开的，但它终将越来越美。

九小姐的秘密花园

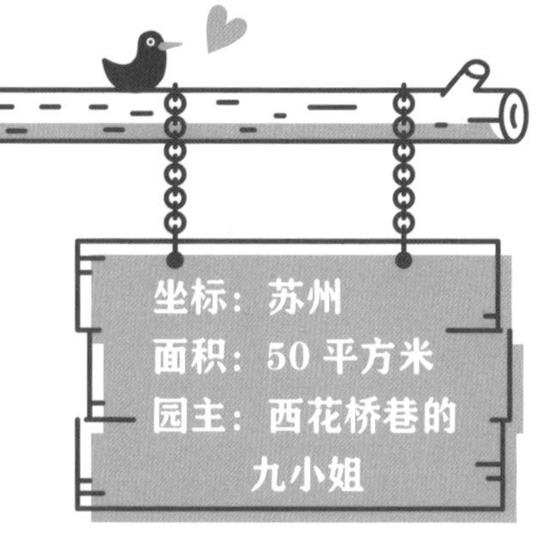

扫码观看花园视频

我的小花园被四周的楼房包围，背靠建筑外墙，左右的矮墙与邻家相隔，面朝西南的前方是贯穿小区的一条人工小溪。刚搬过来时的院子，地面的三分之二铺了木地板，另外三分之一是低于木地板五六十厘米的绿化带，填土抬高绿化带，沿着小溪的那一边，是工人用一根根木桩钉入地下做成的围栏。

我曾看过很多经典的花园案例，大片的草坪、流水淙淙的鱼池、烂漫的花墙、相得益彰的建筑……每个花园，因为朝向、面积、纬度的不同，更因为园丁的审美和追求，呈现出独一无二的样子。对我来说，由于空间有限必须因地制宜，全面考虑光照、通风、高低、疏密、品种、色彩，才能让花园既呈现最美的景象，又有它鲜明的个性。

俯瞰整个花园，像一幅色彩斑斓的油画，不同的季节，不同的色彩，总有人为这丰富的色彩而在对岸驻足。

植物品种有绣球、木香、月季、绣线菊、铁线莲、三角梅、白娟梅、五色梅、矾根、南天竹、马兰、尤加利、黄金香柳、绿杉、香松、香冠柏、德国鸢尾、欧洲木绣球、风车茉莉、小木槿、佛甲草、虎耳草、蓝雪花、天竺葵、毛地黄、滨菊、络新妇、玉簪、莨力花、荷兰菊、龙胆、洋水仙、郁金香、葡萄风信子……

记得几年前，刚刚搬到这里不久就后悔了，因为房子的朝向不是南北，而是东北、西南，卧室里冬天没有一丝阳光，夏天却在清晨 5 点就已经阳光灿烂。我纠结许久，甚至怀疑冬天没有阳光的卧室会不会让人抑郁……自从爱上了园艺，我开始观察院子里的日照情况。因为是面朝西南，又被高楼大厦包围，小院形成了独特的小气候，在北风呼啸的冬日，我的小院子却完全感受不到寒意，依然春意盎然；而东北朝向的入户门区，因为仅有半日的日照，适合在夏季种植一些耐半阴的植物。原来，这样的朝向也并非没有优点，园艺给我的一大馈赠，就是用良好的心态去接受世界的不完美，去相信一切事物都有好的一面。

花台上高低错落摆放着我修剪成各种造型的松柏类植物，加上镜中的影像，形成了非常美妙的秩序感。而镜中折射的背景，因为四季更迭而不断变化，这个区域成了我花园里舞台式的一个存在。

每个人的花园，都是一幅画，而园丁就是创作的画家。我小小的花园，随着季节的变换呈现出不同的场景，像是一幅幅有生命的画作，聆听那时的风，诉说当时的心情。

花园的规划就像用植物在作画，与一般绘画所不同的是，园艺是善变的画面。植物会随着季节不断变化，从萌发、鼎盛到衰败，不会按你的布置保持不变。当然，这也正是园艺的魅力所在，有急不来的期盼，也有留不住的灿烂，还有一些永远无法同框的遗憾。

不仅是高低的搭配，细叶和阔叶的混搭也令人着迷，还有小鸟装饰的水龙头，这种小而精致的美也让人迷恋。

过道里的盆栽紫藤，不为赏花，只为它顶天立地的高度营造的丛林感，朋友送的废旧钢琴也是一景。

园艺是立体的画面。在选择植物时你不仅需要考虑俯视的色彩搭配，如佛甲草明亮的草绿色、马兰的黑紫色、南天竹的火红……也要照顾到平视的高低错落、疏密，既要有集中，也要有留白，既要有匍匐的、低矮的，也要有高大的。

园艺是岁月的画面。无法一蹴而就，无论你多么愿意花钱、用心、下力气，刚刚种下的东西一定不会那么自然融入，假以时日，藤蔓才会缠绕廊架，鲜花才会开满拱门，苔藓才会爬满步石……

在园艺的世界里，我不断地审视自己、修正自己，也在调整中获得了巨大的乐趣和成就感，不仅学习种植，也学习摄影，并把点点滴滴的感悟融入文字中。不得不说，园艺是一门综合的艺术，值得一生拥有。

5 月花园

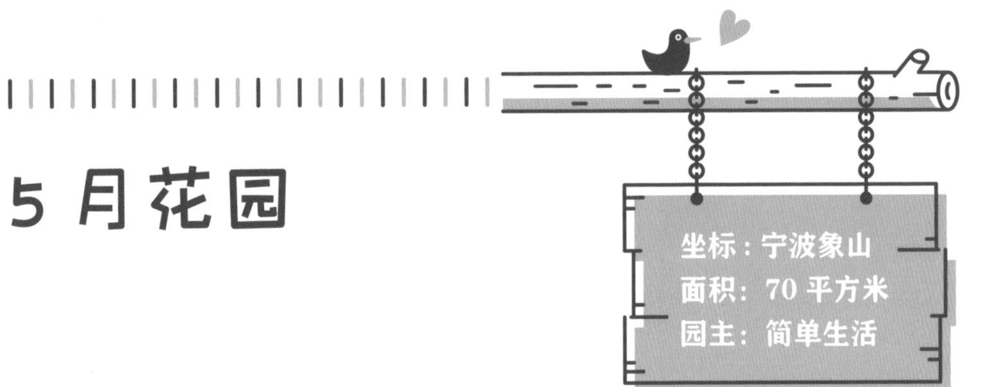

扫码观看花园视频

花园如女人

春天的花园如 18 岁的少女，每个花园都是美丽的，只是美的风格不同；

夏天的花园如初为人母的少妇，不打理就会身材走样，蓬头垢面；

秋天的花园如 30 多岁的女人，想要继续美丽，必须要充实自己；

冬天的花园如 40 岁的女人，如果还能让人心动，一定缘于她的气质与内涵。

春

春天的花园是如此美好，我喜欢淡雅的色彩，所以我的花园就像一个娴静的清秀小佳人，白色、粉色、紫色，就是它日常的模样。花园里最少女心的是柔粉色的克里斯汀船长月季，含苞待放欲语还休的是粉龙，还有娜荷玛、保罗喜马拉雅、青空……有人问我："那么多花你都能说出它们的名字吗？"我真说不出所有花的名字，可是我把它们的美记在了心里，闭上眼睛，我知道角角落落都有谁守在那里，它们早已成了院子的一部分，我心中的一部分。

夏

没有月季的花园少了一份娇艳却多了一份宁静，如果说月季盛放时像热恋，那么绣球开花就像深藏心底的暗恋，美好得让人悸动。最喜欢初夏的花园，当风车茉莉在风中摇曳时，连时光都是香的。还有百合和绣球，不用过多的养护，但每年的美丽却从不缺席。

秋

经历了夏天的炙烤，秋天的第一丝凉风带来了久违的心动，小花园已经茂密得成了小森林，满枝头的金橘又可以做蜂蜜金橘茶了，当橙之梦的叶子开始凋零时，辛勤的园丁也该开始劳动了，该剪的剪，该修的修，该补的补，为了明年的春天，劳动吧！

冬

新冠肺炎疫情下的冬天，让人感觉更加寒冷，也更加漫长，假期也从一个月延长到了两个月、三个月，第一次有了大把的时间和我的园子朝夕相处，我感恩我的小花园，感恩院子里温暖的阳光。

这是花园最大的一块种植区，为了增加私密感，我用铁片增高了栏杆，并沿着草坪以竹栅栏为篱，种上风车茉莉做隔断。因为院子小，这个区域很快就有了秘密花园的感觉，小，有时竟还能成为优点。

这里原来是我的洗衣区，稍做改造就打造出了一个休闲区。因为廊架上已经爬满了紫藤，前面又有棵桂花树，所以夏天很凉爽。

院子虽小，却有五块旧门板，或当隔断，或当工具墙，或当点缀，小小空间里蕴含着大大的容量。

珍惜

花园面积小，阳光也不好，但依势造园，依心造园，小院子也能美得让人流连忘返。因为院子小，所以我更珍惜每一处角落，把自己喜欢的元素，如硬朗的铁艺和柔美的蕾丝布艺都淋漓尽致地表现出来，一个有辨识度的花园就是要把自己的喜欢做到极致。经过近三年的调整和改造，我的小花园终于有了自己的气质，它可能不是最漂亮的，却让人异常舒服。

呵护

你知道你家院子的第一抹阳光照在谁的身上吗？你思考过你家的角角落落最适合种什么花吗？你会赶在下雨前剪下它们吗？花园如女人，也需要我们的理解和呵护，知它所需，爱它所美。

治愈

我爱花园的每一个角落，也爱花园里的每一位成员，哪怕它只是花海里最普通的一朵花、默默坐在角落里的小天使……开心时，流连在花丛中，每一株小草都滋长出幸福的味道；难过时，在花园里深深地呼吸，一切的烦恼就烟消云散了……

遇见

我在5月种下第一棵月季，我的生日也是5月，所以我把这一方小天地称为“5月花园”。以前总觉得电影里的浪漫生活离我们普通人很远很远，遇见园艺后，我才知道浪漫的生活其实很简单，只要心中有爱，生活中有花，一样能活出美好。让我们一起遇见园艺，遇见美好！

Summer Garden
（夏沫花园）

坐标：佛山
面积：65 平方米
园主：夏沫小叔

扫码观看花园视频

大多数园丁入坑都是从英式花园和月季开始，我也不例外。早期，我被国内外的美丽花园吸引，总幻想在广东也能打造一座种满了月季、铁线莲，还有各种英式草花花境的花园，也尝试过利用花卉和果蔬打造村舍花园，但在广东这样高温、高湿的环境下，经过月季和英式草花花园给我的反复打击和超高维护后，我感觉到的是深深的疲惫。最终，在不断地跟气候抗争中逐渐了解到不同地区的差异性，逐渐地接受了我只能拥有南方花园这个现实，有了打造一座更适合南方气候并能四季开花，尤其是漫长的夏季里亦能有景可赏的思路。最终，有了属于我的 Summer Garden（夏沫花园）。

夏沫花园是一个混合风格花园，融合了我过去这些年的一些造园经验，也贯彻了打造一座更适合广东气候的低维护生态花园的思路。这座花园必须能耐得住广东高温、高湿的环境，扛得住太阳雨，向阳有向阳的美，背阴有背阴的韵，关键要低维护。

COME
USE

亲手做的花园杂货背景墙

纯手工欢迎路牌

花园不大，所以一切都亲力亲为，自己做设计师、施工员和园丁。纯手工打造了一个工具房，虽然略显粗糙，但造价低且实用！柳叶马鞭草、天蓝鼠尾草、仙桃草等草花可以耐住广东高湿、高温的环境，也是草花花境的首选植物。

我更喜欢盆栽，因为盆栽可以灵活地根据季节和光照的变化去调整植物的位置，同时也让花园在一年四季里呈现不同的风景。

杂货之美，静静地摆着就是个性，一个罗马柱加一个桌面，就改造成了一个吧台。

夹竹桃是广东的绿化带植物，可以全年花开不断，虽然有毒性，却是净化空气最好的植物之一。我选择的是水粉色单瓣夹竹桃，仙气脱俗。

三角梅是最适合广东气候的花卉之一，也是夏沫花园的开花主力。我种了三棵高大的三角梅，作为花园的骨架植物，它们一年四季花开不断，并且颜色多变，弥补了没有月季的遗憾。

除了三角梅，花园里还有各种多年生的灌木植物，如蓝花茄棒棒糖、蕾丝金露花、白龙吐珠、粉苞冬红花、白玉扇花、蔓马樱丹、蓝花藤、蓝雪花等，这些都是非常适合广东气候并四季反复爆花的品种，也是花园的开花主力。

养花越久越向往低维护，所以我特意搭配了一个懒人低维护花境角落。在这个角落里，我主要应用了花叶榕、锦叶榄仁树、象腿蕉、花叶十万错、万年麻、澳洲朱焦、黄金香柳棒棒糖、亮晶女贞等多年生观叶或造型植物。

总结一下一座低维护的可持续性花园需要满足的条件：

①植物的选择要适应本地大气候 ，适合小环境；

②植物种类要尽可能均衡；

③植物的花期和不同季节的观赏性要有节奏感，避免一次性爆发或一次性落幕。

很多人说我的院子看起来很大，想要花园显大可以从这几个方面下手：

①花境、建筑等高大景观往四周安排，外高内矮，外部饱满内部留白；

②控制树木花草的高度，小花园尽可能不要选用过于高大的植物；

③给花园适当留白，并控制植物的数量，做到精致而克制，毕竟植物不在多，在精；

④杂货区域适合用来填充无法种植的区域，杂货区的主题和素材应统一，杂而不乱，不要担心日晒风吹，随着时间的推移，有了时间的斑驳和风雨的雕刻，就是它最美的时候。

主流花园最美的季节是春季，而夏沫花园显得比较稳定，每天都有惊喜，每月都有不同的花开，毕竟我也不知道广东的春天在哪里！广东的盛夏酷热又漫长，没有花开的日子，一片安静的绿，亦充满了生机。各种小小的观叶或造型植物，可以做色彩弥补，银叶金合欢在阳光下散发着银白色光泽。

花园是园丁的画布，可以做出最美的人与植物相处的和谐画卷，有热爱之心，无处不园艺，无处不花园！

爱丽丝梦游仙境般的琉森花园

扫码观看花园视频

花园名字源于我曾学习和生活过的地方——瑞士琉森（又译卢塞恩），这座童话般的古城被琉森湖和周边森林的山光水色环抱着，鲜花一年四季装点着卡佩尔桥，周围都是漂亮的壁画老房子，推开窗便是铁力士雪山，如梦似幻！回国后，我时常梦回琉森，这座被誉为天堂入口的城市深深地印在了我的心里，我要把这美好记忆倒出来，装满我的花园！我的琉森花园！

进入花园，连呼吸都是阵阵香甜。沿着这条幽深的小径向前，两旁花木扶疏，直通连接屋子的阳光露台。枇杷树上的小世界趣味横生，小径入口左侧是清幽静谧的阴生花境，前行几步，藤制的塔形花架映入眼帘，自然朴素的质感和简洁设计，与植物浑然一体。

NO
TRESPASSING
VIOLATORS
WILL BE SHOT
SURVIVORS

小径另一端的露台从院子望过去也颇具格调，而从露台望向院子则又是另一番景致。

我和先生看了很多石材，最后选择了我们都喜欢的天然鹅卵石来打造花园中心，也是可以驻足的地方！在花园中享受恬淡下午茶时光，又或者是来一顿色香味俱佳的美食盛宴！也可以来一场生日 party，在花仙子们的祝福下许个甜蜜的愿望！

一杯清茶伴着手作糕点，宁静的午后时光，老榆木茶台透着古朴，铁皮桶味道十足，先生垒的石灶也创意十足……

月季盛开的季节里，一边悠闲散步，一边从树木枝叶间窥看散发迷人香气的花朵，乐哉！大游行真是攀岩高手，一不留神已经爬到阳光房顶端，光影下，大游行的身姿娇艳欲滴，每个角落都有倩影婆娑。黄金庆典羞答答地低头绽放，耐不住欧月的美貌、香气、缤纷的色彩、婀娜的身姿，终究还是毫无防备地加入了品种控的行列中……

英伦节拍、葵、蜻蜓、詹森、女王、白桃、银禧庆典……　第一夫人、蜜糖、红色蕾丝、珊瑚水晶、莫奈……

大游行、黄金庆典、夏洛特夫人、亚伯拉罕、粉色龙沙、美咲……

春天总是多情，各种花儿向我们展示着缤纷绚丽的色彩和无与伦比的美好，铁线莲更是在这个春季大放异彩！

在这静好的春光里，花园充满了生机，五彩斑斓的花儿引来了各种小可爱！一起来加入它们，尽情欣赏花儿们的表演吧！我在这里驻足，愿与你分享。

虽处都市，我要推窗，山风带着花香醉了满屋！满眼山花烂漫像打翻了的油彩，孩子们赤脚踏上河滩尽情欢笑，鸟儿品尝枝头果实，忘情唱歌！这就是我要的野蛮生长，这就是我要的自然而然！让我们跟着小爱丽丝一起梦游仙境吧！

玲的秘密花园

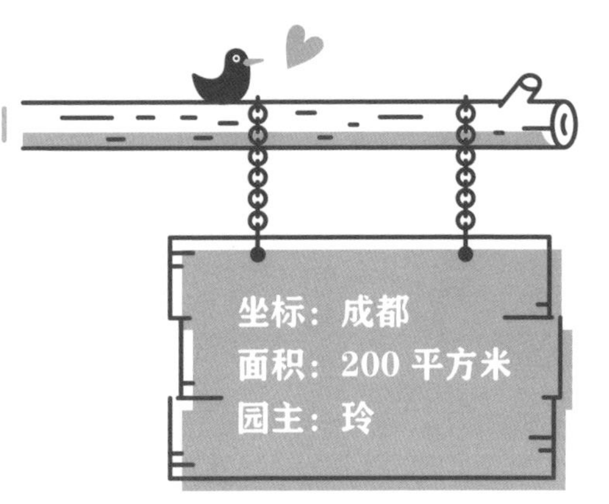

扫码观看花园视频

小时候生活在厂区宿舍，红砖墙、木格窗是童年的记忆，与小伙伴们在厂区肆意奔跑玩耍，院墙下扯花搭灶过家家，母亲倚门呼唤回家吃饭……小时候想要逃离的，恰恰是现在不能忘怀的。

老妈亲手种的桃树也被我移栽到这里，寄托对她的深深思念。造园有超强的治愈能力，这座花园于我更多的是对亲人的思念，怀念在厂区红房子里生活过的温暖细碎时光，我想每个人心中都有一座爱的花园吧。

我比较偏爱浓郁大胆的色调，所以一开始心里就有个自己大概想要的花园的样子，只是需要慢慢地把想象变成现实。花园的阳光房是我早、晚最喜欢待的地方，也是亲朋好友聚餐的地方，这张桌子最多的时候坐过 21 个人。

我不是设计师，却亲手设计打造了自己的家。我的花园一定是要与我共呼吸、共滋养的，要有属于我的气质和辨识度。我喜欢摄影，所以希望打造的每个场景，只要人往那里一站就是一幅画，我的花园要打造成最佳外景地。中式园林讲究“移步易景”“步移景异”，我的花园虽然不是中式风格，却也牢牢把握中式造景的精髓，努力搭配每个细节，朋友戏称可以在这里一天拍完海岛风、东南亚风、萝莉风、欧洲风……

前门是草花组合区，因为家里养了一只破坏力太强的哈士奇，草花根本不敢地栽。

女儿是蓝色控，我便把一整片墙面改造成浓郁的蓝色，施工的时候，工人一遍遍和我确认：“是这个颜色吧？会不会太深了？”我一遍遍地肯定：“就是要这样的蓝。”蓝色不仅是忧郁的，还比海沉静、比天广阔，事实证明，有了这片蓝花园更出彩了。

四五月份是鲜花盛放的季节，欧月、绣球、铁线莲都是这个季节的主角。刚开始给花园配置植物的时候，由于没经验，没考虑好植物的属性和花期，基本都以失败告终，所以植物不能乱买，尽量买花期接近的，这样开花时院子才比较热闹。

花园给我带来生活的灵感和美好的际遇，我的每一份付出都得到加倍的回馈。努力向上生长的嫩叶、娇艳芬芳怒放的花朵、殷勤做客的鸟儿……还有安逸静谧的家庭气氛和纷至沓来的花友。世间有很多美好比金钱和物质更重要，耕耘后让我收获了植物生长的喜悦，享受花园里的惬意。生命也是一场遇见，通过园艺，很快我就会遇见那个最真实的自己了吧。

晓娟的杂货花园

扫码观看花园视频

受家人影响，我从小爱种花，尤其是玫瑰和各种时令草花，后来搬到这个有小院的房子，终于可以种花了。我的院子不大，分高低两个部分，还有门口的过道，加起来约 40 平方米。随着花越种越多，越来越觉得地方太小施展不开，后来就干脆开了一家实体花店。花店经营了 4 年，把各种喜欢的花草都种了个够，去年因为各种原因实体店关闭了，开始专心打理自家的小院子。种了那么多花之后，开始觉得花园不需要大，只要精心搭配，再小的院子都能成为心中的理想花园。

在我的花园里，白色是永远的主旋律。因为院子不大，我又是个博爱的花痴，各种花都想搬回来，这样一来时常觉得空间不够，为了让种满花草的花园整体更加协调，在配色上应尽量做到节制。我喜欢白色和浅色系的花，选择植物的时候就会想象它们搭配在一起的样子，所以尽管植物很多，但整体并不显得杂乱。

雨棚下面做了一个杂货角，空调室外机做了格栅柜门，关上门就是一个好看的杂货桌，我经常在这里插花拍照，效果不错。

花园的核心位置做了一个小木屋造型的背景板，特别喜欢花园小木屋的感觉，奈何空间有限，只能做成一个小房子造型的背景板，效果倒也不错。

这棵藤本月季“冰山”被修剪成了一棵树的形状，最喜欢开花时在树下的感觉，可惜去年秋天被天牛幼虫蛀后枯了三分之二，所以提醒花友们，花园的病虫害防治不能掉以轻心。

Welcome

花园整体分成高低两个错层，地面大部分已经硬化。除了几个小型的花坛，大部分植物都是盆栽，每个季节我都会调整植物和杂货的位置，更换当季的季节性草花，搭配一个属于这个季节的角落，每天看到心情会格外好。

很多花友喜欢的月季“杰奎琳·杜普雷”，围墙边拱门上的苹果花，开成了瀑布。

廊上的拱门，三棵月季交织在一起恣意生长。

再小的花园也要有个小小的水景。

作为一个杂货控，杂货是少不了的，各种装饰品和盆器搭配得好会给花园增色很多。

每个园艺爱好者都有个木匠梦，纯手工做的复古玻璃屏风和假窗，承载满满的成就感，也是很好的拍照背景。

花园里怎么能没有猫？大黄是之前收养的流浪猫，曾经是花店里的网红小店员。大黄很爱花园，一到花园就开心得打滚儿，这样的花园你喜欢么？

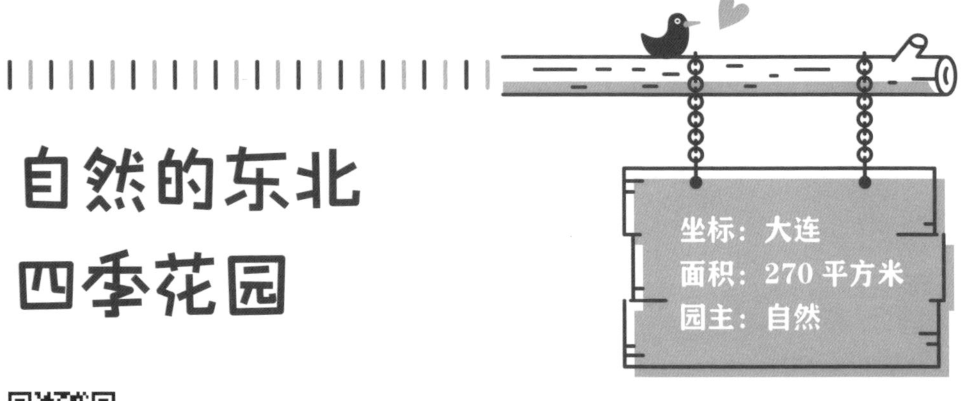

自然的东北四季花园

扫码观看花园视频

花做篱笆，诗意为墙。静守流年，嗅一院子的芬芳……在童年记忆里，父母就喜欢在院子里种各种花花草草，而我也一样，对这些美好的植物保持了无穷的好奇心和喜爱。

因为工作的需要，我曾在德国旅居生活了 13 年，对欧洲的建筑、博物馆、园艺都非常喜爱，其间陆续游览了著名的荷兰库肯霍夫花园，法国的凡尔赛花园、莫奈花园，奥地利米拉贝尔花园，加拿大布查德花园，西班牙格内拉里弗花园，澳大利亚皇家植物园，美国亨廷顿植物园，摩纳哥热带植物园，日本京成玫瑰园等几十个世界名园。网络所传的美丽，与亲眼看见之后的震撼是完全不同的，而各地的私家庭院也在熏陶着我的审美观，这些经历都潜移默化地影响着我的造园思想。

大都市的生活节奏太快，出门就是高楼大厦，只有青山绿水才能让自己慢下来、静下来，所以回国后选择了自然环境宜人且四季分明的大连，从大连西郊的这个别墅花园开启了我的造园之路。别墅是我喜欢的西班牙式南欧风格，房檐宽大，外立面是砂岩，整个房子的外形很漂亮，花园约 270 平方米，无论是室内的装修还是室外的花园设计，都是我亲自构想的，和设计师沟通后按我的思路把家园打造成梦想中的模样，一个东北的四季花园式住宅。

花园打造的第一步，就是对整体进行规划和土建施工。首先是功能区域的划分，石板路、廊架、锦鲤池、小溪、荷花睡莲池、烧烤休闲区、水电管的布设等，为了种植欧月，还把 20 多米长的实心墙改成了铁艺栅栏墙，这样有利于欧月的采光通风和牵引横拉。种植植物之前，先进行了土壤改良，清除了约 30 厘米深的建筑垃圾土，回填了四卡车园土，还混合了一大卡车马粪，这一切都为花卉未来的表现奠定了良好的基础。

无水不成园，花园里挖了一方 1.5 米深的锦鲤池，冬天冰冻一尺，鱼在水下冬眠，还做了一条循环小溪水系，让水在小溪里自然沉淀过滤产生硝化细菌和 EM 菌，小溪的边缘种了芦苇、千屈菜和香蒲等水生植物，另外还有一个小池子专门种了睡莲与荷花，每个夏季都开得温柔而热烈。

大连冬天最冷的时候温度会接近 -20 摄氏度，很多花过不了冬，因此找对适合当地气候的品种是种花的第一步。大部分的欧月、铁线莲在大连地栽过冬是没有问题的，东北冬季风大干燥，绣球“无尽夏”只要做好避风或适当保护就行。球根、球茎类的花卉，如百合、郁金香、洋水仙、鸢尾、大花葱等对于北方来说更为友好，不仅能很好地复花，还有越来越壮大的趋势。除了上述品种之外，在大连能室外地栽过冬的还有菊花、耧斗菜、矾根、玉簪、落新妇、绣线菊、芍药、牡丹、猫薄荷、千屈菜、鼠尾草、紫藤、凌霄、金银花、圆锥绣球、木绣球、大花萱草等。虽然东北在打造一个四季花园比在南方难度大许多，但园丁很有成就感，累并快乐着。

5月，牡丹、芍药、鸢尾、铁线莲陆续开花。

6月初，欧月进入盛花期，猫薄荷、鼠尾草，耧斗菜……整个庭院开满了鲜花。

七月进入盛夏，百合、千屈菜、天竺葵、凌霄盛开。

八月、九月无尽夏、荷花、睡莲陆续开花。穿过花园，闻闻花儿的芬芳，留恋花园里的鸟语花香……

10 月、11 月，菊花和欧月争奇斗艳，院子里的各种枫树和墙上的三叶地锦爬山虎也逐渐穿上了红衣裳。

花园冬季的表现是含蓄低调的，修剪、冬藏、雪藏、冬眠、春化……洁白的大雪覆盖住了一切，看似枯寂，实则为了春、夏、秋三季而酝酿着。

春赏花、夏看荷、秋观叶、冬戏雪，这样的四季才是完美的。我喜欢东北的四季分明，这就是东北自然的四季花园，365 天每天都有鲜花开。

朴园 Urban Rosa

坐标：上海
面积：1200 平方米
园主：车前子

扫码观看花园视频

朴园位于上海市闵行区龙茗路，穿过粉色“龙沙宝石”月季的大门，就像爱丽丝来到绿色仙境。这里既是我的家，同时也是一个欢迎各地朋友过来歇脚的地方。因为喜欢朴门永续设计，崇尚大自然的可持续、可循环，一切来于自然又回归自然的理念而借用“朴”字。在这里蚜虫来了会由小瓢虫处理，鸟儿把这里当成自己的家，瓜果蔬菜都有机可食，腐叶堆肥或制成酵素再次使用……目前我们正在园里建一些益虫屋，里面将会住进许多益虫，可以在一定程度上代替农药，也让花园成为一个小小的生态圈。

一楼花园约 400 平方米，拐角处山桃草的狂野、月见草的柔弱、樱桃鼠尾草的妩媚，都让人在炎炎夏日仍想驻足，这里还新搭了两处铁艺拱门，搭配着栽种了夏洛特夫人和白王冠。

三楼露台约 800 平方米，目前仍在完善中，大量手工制作在这里完成，没少花心思和体力，但动起手来很有趣。

朋友从大山里带回来的苔藓，剪成细细的铺在泥土表面，压实，再撒薄土覆盖，慢慢地就缓了过来，若苔藓在上海屋顶的气候环境中都能够存活，那其他植物就更没有问题了。养着姬小菊的树桩也是跟朋友路过工地时拣的，用木锯从中间钻了一个直径 20 厘米左右的树洞，别有一番韵味。

徒手搭建的小桥，栏杆是未经雕琢的原木，自然质朴。

种这棵银叶金合欢之前，因担心它受不住上海的湿冷天气而犹豫再三，没想到居然奇迹般地活了下来，而且花开灿烂，这种喜悦之情无以言表。

2 月份，海棠和木香都很给力，一夜间整株海棠像被施了魔法一般全开了，最喜欢木香的甜与淡然，每天早晨都会驻足感受它的气味与变化。

酷似红毛刷子的红千层四季不枯，花开明亮。

进入4月，即将迎来最美、最忙、最让园丁有成就感的季节，陆陆续续有节奏地花开花谢。

在露台偏南角铺上一片草坪，作为入住的客人们的户外区域，大家可以席地而坐，赏花观草。

院子里种了许多玛格丽特，独爱这黄白相间小小的花朵，花期长久可以开到来年，美得朴实简单。美女樱、耧斗菜、枫树“约旦”、圆锥绣球、白玉香草草莓、墨西哥鼠尾草等搭配在一起，我心目中的花园就是这样，既有野趣又井然有序。

日本生活美学家松浦弥太郎曾说：“感知季节，对工作和生活来说都不可或缺。我很重视在生活中摆放着有生命而美丽的东西，并且爱惜它们。”爱惜鲜花，我学着用它们来传达无法言语的情感。

一颗颗小草莓躲在花丛中，你得弯下腰探出脑袋与早起的鸟儿抢时间才能吃得着。

5月立夏，平均气温在30摄氏度左右，每天都得赶在太阳出来之前到院子里收拾打理，用植物覆盖每一寸裸露的皮肤。铁线莲“鲁佩尔博士”和废弃车轮在一起也很和谐。

直到6月末，院子里的绣球才陆续开放。

7月炎夏，梵·高笔下的向日葵如火焰般绚烂，我用入秋后收获的葵花籽为来年花开做准备，这是生命的延续。

8、9月份，上海过了梅雨季节开始持续升温，凌霄喜阳光，所以在大门口处栽种了一株凌霄花，借着老树可以爬到铁门上。

鼠尾草的独特香味可以持续很久，晒干之后还可以用来做香包。

杨梅、石榴、无花果、南瓜、冬瓜，还有苦瓜，都在等入秋后收获。杨梅树是首次结果，早有鸟儿立上枝头，初春育苗深秋收获，处处都很“朴”实。

今年的圣诞节，我打算用这红彤彤的果实来装点节日的气氛。

收购站淘来的废旧木门上刷了喜欢的颜色，去年秋季收获的葫芦摇身变成了花器……老旧物件又重新神采奕奕。

三毛爱花，她爱旷野上随着季节变化而生长的野花和那微风吹过大地的震动；叶圣陶爱花，他爱早起和工作归来后，在那小立一会儿，庭中的花草成维系人心情的所在；我爱花，爱触摸这里的每一寸土地，看着幼苗长大，感受生命在我手上的变化。与植物相伴成为我们与这个世界沟通的方式，养花、打理花园、用鲜花来装扮自己的家，还有泥土、花草、树叶所散发的气息都是大自然赐予的治愈力量。朴园并不属于我一个人，而是属于所有给过我帮助的朋友，希望可以通过这处花园认识更多朋友，分享更多故事。

LUVEA 花园

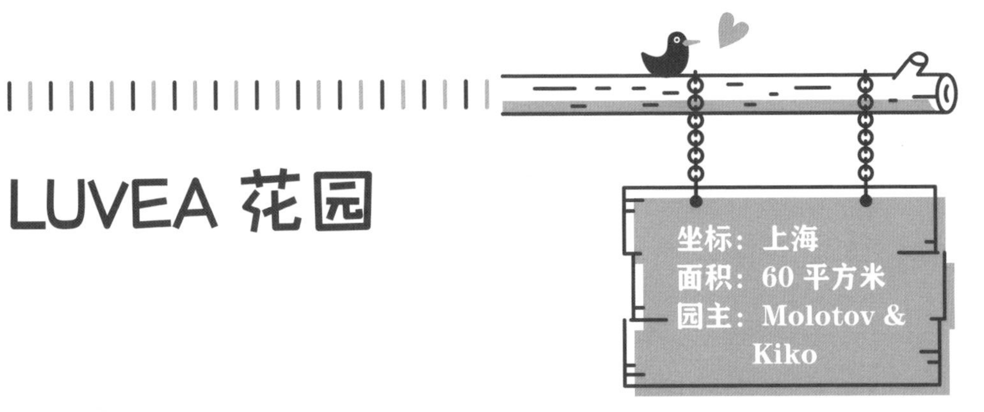

扫码观看花园视频

我们是一对 90 后小夫妻，日常工作非常繁忙，因怀揣着一个花园梦，所以利用了几乎所有的业余时间，去打造我们自己的小花园。历时 4 年乐此不疲，打造一方绿色的天地，愉悦自己也愉悦着左邻右里。

小院的阳光不是很好，只有 10 ：30—13 ：00 有阳光照进来，其余时间都是明亮的散射光。光照条件不好让我们在选择搭配植物时格外受限，另外一个困难点就是土壤先天不足，所以在建园初期，我们用了大量的时间清除回填土和建筑垃圾，改良重淤泥质黏土土质。

小园特点：

◎小而美。园内一砖一瓦、拱门、砖路、花池、蔬菜园均为我们亲手打造。

◎技术控。自建池塘、过滤系统、喷淋系统，将技术引进花园，低成本和高效率维护花园生态。

◎深化布景。近看是美，远看是景，讲究植物搭配，花开四季。

花园是偏乡村和自然的风格，尽量减少人工的痕迹，不要杂货，植物搭配以多年生植物为主，少量原生植物，花季期间搭配少量的草花。我们虽然生活在城市中，在钢筋水泥之中忙碌，但希望回到家里的花园，可以像身处野外自然环境中，完全放松下来，闻花香，听溪水声和鸟叫，感受大自然的美好。

园路的铺装材料在汀步石、草坪、砾石径、枕木和砖之间反复纠结，最后还是决定铺红砖，省钱、省心又朴素，就是容易生青苔。画稿、定路线、买砖、拌水泥，最后一点点把路按照想象中的样子铺平。

花园里原先只有矮栅栏，每到花季开得灿烂的藤本月季“龙沙宝石”总是略低于视线，只能看到低垂的花头。我们在网上订了拱门进行组装，并用三种不同的颜色调漆、上色，等到月季爬上拱门，看到娇艳的花朵，收获的是满满的成就感。

植物如果全部地栽，花园就会没有层次感，所以砌了一个条形花池，花池里的植物也随着季节更换。花季过后的花园多了几分寂寥，于是决定做个大大的蔬菜区，感受一下丰收的喜悦。画好尺寸图，网上定购木板和相应的工具，利用两个周末制作完成了一个大号蔬菜池，总共耗资 250 元，用劳动实现了真正的性价比。花季主要在 5 月和 9 月，蔬菜成熟期为 7—10 月，在不同的时间，我们对院子会有不同的期待。

花园里最热闹的花季一过便成了“菜地”，总觉得少了些趣味，小池塘的想法便提上了日程。小池塘也是自然风格，为了保持水体清洁又不破坏原生态的感觉，我们自制了一套过滤系统，把水泵和过滤箱都布置在距离池塘很远的设备间，所以现在整个池塘看不到设备的痕迹，在强力的过滤系统下小池塘已经安全度过了一个冬夏的洗礼。

为了进一步追求低维护成本和高效率，考虑到花园虽然不大，但是浇花依然不轻松，我们又自制了一套自动喷淋系统，一条水线布满整个院子，手机 APP 遥控可自动浇水。前两年，我们因工作原因在海外生活了一年，靠这一套喷淋系统，花园在无人照料的情况下，依然保持了大部分原貌。

花园的主角不一定永远是月季，季节的变化、颜色的变化、枝条的形态、错落有致的植物和布景，处处都是不同的风景。

打理花园的这几年下来，逐渐感觉到园艺是有门槛的，想要一个绚烂的花季和精致的花园，不仅需要钱，需要空间，最重要的还是时间和精力。我们一直在摸索，在忙碌的城市生活中，慢慢地去寻找适合自己的方式、方法，最大可能地让这里的小生态自发地循环并持续下去。希望在未来的日子里，我们依然可以带着初心，在上海这个繁华热闹的城市，继续努力学习，打造我们天然、幽静、饱含韵味的小天地。

茉莉的花与园

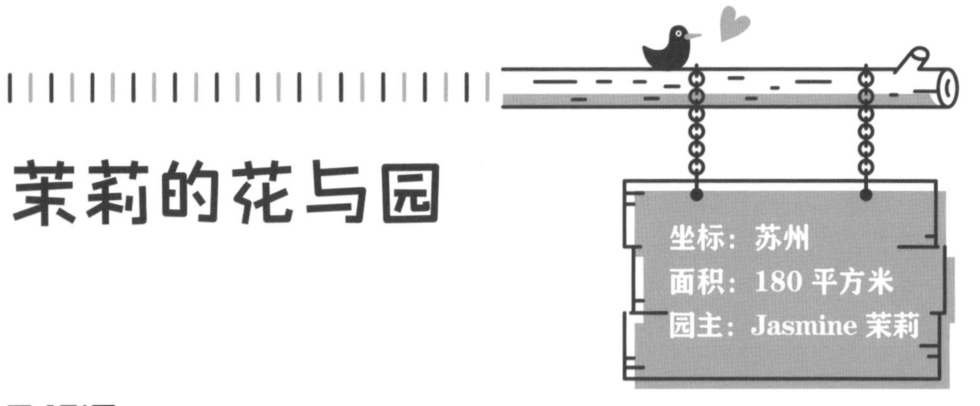

扫码观看花园视频

小时候印象最深的植物是妈妈在院中种下的大马士革玫瑰和白色的荼蘼，至今还记得每年花开时的那份美丽与欣喜，从那时起，我小小的心中就种下了一个花园梦。很幸运，多年前我就拥有了一方小院，院中虽然种植了一些果树和花草，但一直都没有时间把它打造成真正的花园，直到 4 年前终于有了空闲时间，于是重新改造了院子。从此，每天都要花一些时间在院子里翻土、种植、施肥、浇水……日子过得很忙碌、很充实，去年又改建了围栏，花园渐渐有了自己喜欢的模样。

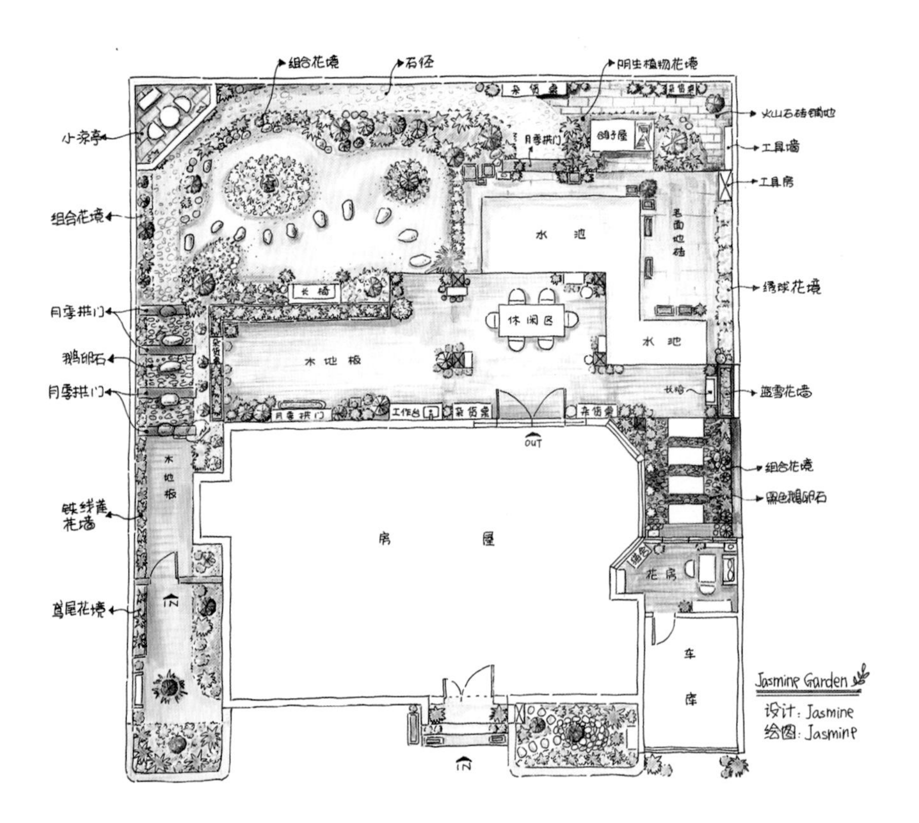

亲手绘制了设计图，花园原有的基础设施并没有进行大的改动，只是增加了杂货区，重新调整了花境。院中的骨架树都已经长得很大且无法搬动，所以就在树底下增加了花境。原先随意种下的植物也都根据它们不同的生长习性移到了相应的环境中。

凉亭做好后成了花园里的焦点，既有休闲的功能，又有装饰效果。薄荷绿色彩配上法式风格的杂货，再摆上铁艺桌椅，扑面而来的文艺小清新风立刻呈现出来，现在这里是小伙伴们最爱的拍照地点。

花园中的每一个拱门、每一件饰物、每一张桌子，都是亲手安装的，甚至地面的火山石地砖，都是亲手铺成。自从开始造园，这些活儿都已不在话下。

每天最放松的时刻就是在花园里的时光。看着自己亲手栽下的每一棵植物长大、开花，那种由心而生的欢喜，不是来自别处，正是对每一株植物、每一棵花草的热爱。花朵的清香、随风摇曳的姿态，都让我欣喜不已，这大概就是园艺的魅力所在。

位于花园核心位置的绣球“无尽夏”，每年都呈现出不同的姿态；花朵饱满的“红粉佳人”是由先生买的鲜切花扦插长大的，现在已经是花园里植株最高大的绣球了。

当春季来临，各种植物都开始舒展它们美丽的身姿，冬季栽下的球根植物为春天的到来欢欣开放。

每年春天盛开的银莲花，身姿挺拔的蓝白花朵让人一见倾心。

这棵种了十多年的比利时杜鹃，是院中的“老人”了，每到花季都会如期绽放，繁花满枝，很是热闹。

4 月和 5 月，我最喜欢做的事情就是清晨用相机记录下每天的不同。只有和它们亲密相处的园丁，才能发现它们最美的一面。行走在花间，微风拂面，看着这满园春光，只想这样的时光再多一点，再长一些……

秋天是一年中最忙碌的季节，清理夏天长得旺盛凌乱的植物、种下冬季耐寒的花卉、规划春季球根的种植、准备修剪各种植物、计划埋肥清园……每天的工作都排得满满当当。

切一束花，约上小伙伴一起喝个下午茶，尽享花园里的美妙时光。

虽然花园还有很多自己不满意的地方，但园丁的乐趣就在于不断地尝试、不断地提升、不断地折腾。每过一段时间，我都会把一些盆栽和饰品重新搭配组合，让花园展现不同的姿态，并且乐此不疲。花园，治愈了心灵，美好了时光，即使耕耘的只是方寸天地，也是编织无限光阴。一草一木都在用旺盛的生长，来回报自己的一腔热爱，生命总是美好的，爱花之人也总能收获满满的运气。

花园里的一些小花盆、小物件，我喜欢给它们画上喜欢的花卉图案，让自己的花园增一分意境、添一点乐趣、多一份欢喜。

我很幸运，有这么一片属于自己的花园。我要做的，就是种植一株嫩绿，收获满枝繁华，日复一日，无论春夏秋冬，朝露夕霞。园丁在自己的花园里就是一个画家，尽情上彩、尽情描绘、尽情作画。绽放亦美，凋零不哀，伴着轻风，莳花弄草。

图书在版编目（CIP）数据

私家花园打造记 / 哓气婆编著. — 南京：江苏凤凰美术出版社, 2022.8

ISBN 978-7-5741-0035-0

Ⅰ. ①私… Ⅱ. ①哓… Ⅲ. ①花园 – 园林设计 Ⅳ. ①TU986.2

中国版本图书馆CIP数据核字(2022)第099821号

出版统筹 王林军
策划编辑 段建姣 宋 君
责任编辑 王左佐
特约编辑 宋 君
装帧设计 李 迎
责任校对 韩 冰
责任监印 唐 虎

书　　名 私家花园打造记
编　　著 哓气婆
出版发行 江苏凤凰美术出版社(南京市湖南路1号 邮编：210009)
总 经 销 天津凤凰空间文化传媒有限公司
总经销网址 http://www.ifengspace.cn
印　　刷 雅迪云印（天津）科技有限公司
开　　本 710mm × 1000mm 1/16
印　　张 11
版　　次 2022年8月第1版 2022年8月第1次印刷
标准书号 ISBN 978-7-5741-0035-0
定　　价 69.80元

营销部电话 025-68155792 营销部地址 南京市湖南路1号